河南省工程建设标准

住宅工程质量常见问题防治技术规程

Technical Specification for Prevention & Cure of Common Quality Faults of Residential Buildings

DBJ41/T070—2014

主编单位:河南省建设工程质量监督总站
      郑州市工程质量监督站
批准单位:河南省住房和城乡建设厅
施行日期:2015 年 1 月 1 日

黄河水利出版社

2014 郑州

图书在版编目(CIP)数据

住宅工程质量常见问题防治技术规程/河南省建设工程质量监督总站编. —郑州:黄河水利出版社,2014.12

ISBN 978 – 7 – 5509 – 0007 – 3

Ⅰ.①住… Ⅱ.①河… Ⅲ.①住宅 – 工程质量 – 质量控制 – 技术规范 Ⅳ.①TU712 – 65

中国版本图书馆 CIP 数据核字(2014)第 300338 号

策划编辑:王文科 电话:0371 – 66025273 E-mail:15936285975@163.com

出 版 社:黄河水利出版社
    地址:河南省郑州市顺河路黄委会综合楼14层 邮政编码:450003
发行单位:黄河水利出版社
    发行部电话:0371 – 66026940、66020550、66028024、66022620(传真)
    E-mail:hhslcbs@126.com
承印单位:河南地质彩色印刷厂
开本:850 mm × 1 168 mm 1/32
印张:2
字数:50 千字 印数:1—3 000
版次:2014 年 12 月第 1 版 印次:2014 年 12 月第 1 次印刷

定价:26.00 元

河南省住房和城乡建设厅文件

豫建设标〔2014〕80号

河南省住房和城乡建设厅关于发布河南省工程建设标准《住宅工程质量常见问题防治技术规程》的通知

各省辖市、省直管县(市)住房和城乡建设局(委),郑州航空港经济综合实验区市政建设环保局,各有关单位:

河南省工程建设标准《河南省住宅工程质量通病防治技术规程》(DBJ41/070—2005)由河南省建设工程质量监督总站、郑州市工程质量监督站进行了修订,已通过评审,名称变更为《住宅工程质量常见问题防治技术规程》,现予批准发布,编号为DBJ41/T070—2014,自2015年1月1日起在我省施行,《河南省住宅工程质量通病防治技术规程》(DBJ41/070—2005)同时作废。

此标准由河南省住房和城乡建设厅负责管理,技术解释由河南省建设工程质量监督总站、郑州市工程质量监督站负责。

河南省住房和城乡建设厅

2014年12月1日

前　言

　　根据住房和城乡建设部关于加强住宅工程质量和保障性安居工程质量管理的要求，为提高全省住宅工程质量，经省住房和城乡建设厅同意，省建设工程质量监督总站经过调查研究、总结实践经验，参考有关国内标准，在《河南省住宅工程质量通病防治技术规程》DBJ41/070—2005 的基础上征求意见，修订本规程。

　　本规程是住宅工程质量常见问题防治的通用标准，是住宅工程设计及施工阶段预防常见工程质量问题的基本要求，本规程修订的主要内容如下：

　　1. 增加了设计阶段住宅工程质量常见问题防治的技术措施。

　　2. 增加了建筑给水排水及采暖工程、建筑电气工程、通风工程等分部工程质量常见问题防治的技术措施。

　　本规程主要技术内容有：1 总则；2 术语；3 基本规定；4～15 质量常见问题的表现形式和防治技术措施；3 个附录：住宅工程质量常见问题防治任务书、内容总结报告、工作评估报告。

　　本规程由河南省住房和城乡建设厅归口管理，由河南省建设工程质量监督总站负责具体技术内容的解释。各单位执行过程中，注意总结经验，发现需要修订和补充的内容请及时将意见和建议寄送河南省建设工程质量监督站（地址：郑州市金水路 102 号，邮政编码：450003），以供以后修订时参考。

　　本规程主编单位：河南省建设工程质量监督总站
　　　　　　　　　　郑州市工程质量监督站
　　本规程参编单位：洛阳市建筑工程质量监督站
　　　　　　　　　　南阳市建筑工程质量监督站
　　　　　　　　　　开封市建筑工程质量监督站

河南省建设工程施工图审查中心有限公司
河南六建建筑集团有限公司
河南五建建设集团有限公司
河南海华工程建设监理公司
河南建达工程建设监理公司

本规程主要起草人：李亦工　张德伟　陈　震　高贵平　曾繁娜
　　　　　　　　　苏　航　涂　晓　李　捷　杨保昌　张　勤
　　　　　　　　　李瑞生　岳　灿　谢勤娟　曹乃冈　江学成
　　　　　　　　　乔会敏　扈青素　范非凡　崔　斌　刘曙辉
　　　　　　　　　温　雨　刑慧娟　李发强　李　旸　李保华
　　　　　　　　　刘五军　姬浩杰　李增亮　张保民　王丽利
本规程主要审查人：胡伦坚　张　维　谢丽丽　栾景阳　王三兴
　　　　　　　　　季三荣　唐　丽　张丽萍　郭长安

目　　次

1 总　　则

1.0.1　为提高住宅工程质量水平,有效防治住宅工程质量常见问题,保证住宅工程的安全性、适用性和耐久性,制定本规程。

1.0.2　本规程适用于我省住宅工程质量常见问题的防治,其他工程质量问题的防治可参照本规程执行。

1.0.3　本规程住宅质量常见问题的范围,以工程常见的影响安全和使用功能及外观质量缺陷的问题为主。

1.0.4　住宅工程质量常见问题的防治方法、措施和要求除执行本规程外,还应执行国家现行有关标准、我省现行有关工程建设标准的规定。

2 术 语

2.0.1 受力裂缝　loaded crack

作用在建筑上的力或荷载在构件中产生内力或应力引起的裂缝,也可称为"荷载裂缝"或"直接裂缝"。

2.0.2 裂缝控制　crack control

通过设计、材料使用、施工、维护、管理等措施,防止建筑工程中产生裂缝或将裂缝控制在一定限度内的技术活动。

3 基本规定

3.1 一般规定

3.1.1 住宅工程质量常见问题的防治应采取预防为主的原则。

3.1.2 住宅工程质量常见问题的预防措施,应根据住宅建筑的特点确定并实施。

3.2 组织管理

3.2.1 建设单位应按本规程规定组织实施住宅工程质量常见问题防治工作,应保证住宅工程建设具有合理工期和合理造价。

3.2.2 建设单位应在工程开工前下达《住宅工程质量常见问题防治任务书》,督促参建各方制定相关的质量常见问题防治方案和实施细则,并将各专业分包单位统一纳入总承包管理。

3.2.3 按合同约定,由建设单位负责采购的建筑材料、建筑构配件和设备,应符合设计文件和有关技术标准的要求。

3.2.4 住宅工程不得擅自降低工程质量标准,不得擅自变更已审查通过的施工图设计文件。

3.2.5 建设单位组织竣工验收时,应将住宅工程质量常见问题防治落实情况及治理效果列入验收内容。

3.3 设计及审查

3.3.1 设计单位应对易发生住宅工程质量常见问题的部位和环节进行细化设计,出具节点构造详图。

3.3.2 建筑工程施工图设计文件采用新材料、新技术、新工艺、新设备时,应明确施工要求和验收标准。

3.3.3 设计交底时应明确防治质量的技术措施。

3.4 材 料

3.4.1 进场材料应有性能检测报告、产品合格证书或绿色环保检测报告。

3.4.2 建筑材料及制品的使用应符合有关施工工艺的要求,并应正确堆放、运输和保护。

3.5 施 工

3.5.1 施工单位应根据工程实际情况,编写《住宅工程质量常见问题防治方案及技术措施》,报建设单位(监理单位)审查、批准后实施。

3.5.2 住宅工程竣工验收前,施工单位应对建筑施工时存在的质量常见问题进行有效地处理。

3.5.3 住宅工程完工后,施工单位应编写《住宅工程质量常见问题防治内容总结报告》。

3.6 监 理

3.6.1 监理单位应审查施工单位提交的《住宅工程质量常见问题防治方案及技术措施》,提出具体要求和监控措施,并列入《监理规划》和《监理细则》,在监理过程中严格实施。

3.6.2 工程竣工时,监理单位应将住宅工程质量常见问题防治的实施情况和评价结果写入《住宅工程质量常见问题防治工作评估报告》,作为工程竣工验收的内容。

4 地基变形控制

4.0.1 建筑设计应在分析和利用建筑场地岩土工程勘察资料的基础上,综合采取建筑措施、结构措施和地基处理措施,控制地基不均匀变形。

4.0.2 建筑施工应根据工程建设的周边环境、工程地质条件及季节因素,进行施工组织设计和工期安排,制定冬雨期施工措施。

4.0.3 地基变形验算值应满足现行国家标准《建筑地基基础设计规范》GB 50007 的允许值。

4.0.4 地基处理应在了解当地经验与施工条件的基础上,根据地基土质特性以及上部结构对地基变形的适应能力,选择基础形式和地基处理方法,减少地基变形和不均匀变形。

4.0.5 当结构单元存在沉降差时,沉降量较大的结构单元各结构层的标高,宜根据预估沉降量予以提高;建筑物与管沟之间,应留有净空;当建筑物有管道穿过时,应预留孔洞,或采用柔性的管道接头;对于沉降存在差异的结构单元,宜设置施工后浇带。

4.0.6 建筑物施工期间和使用期间应进行沉降观测,观测结果异常时,应分析原因并采取处理措施。

4.0.7 地基基础施工应采取下列防止地基土扰动的措施:

1 基槽开挖时,可在基底保留 200 mm 厚的原土,待基础施工开始时,采用人工清除。

2 雨期施工时,应防止雨水浸泡,扰动地基土。

3 冬期施工时,应采取基底的防冻措施;回填土方时不应将冻土、冻块填入基底。

4 当地基土已被扰动时,应将扰动土挖除,换填后再压实。

4.0.8 当建筑物基础埋置深度有差异时,应考虑施工的先后顺序对地基的影响,并按设计交底安排施工顺序。

4.0.9 地基基础施工期间,应采取防止基坑灌水以及地下水位突然升高造成基础底板上浮产生裂缝的措施。

4.0.10 深基坑毗邻既有建筑物时,应对既有建筑物进行全面鉴定,并应采取支护措施,确保毗邻建筑物及地下设施不受损伤。

5 地下工程防水

5.0.1 地下室外墙宜优先采用变形钢筋,钢筋应采用直径细、间距密的方法配置。水平钢筋宜分布均匀且间距不应大于 150 mm,宜设置在竖向钢筋外侧。对水平截面变化较大处,应增设抗裂钢筋。

5.0.2 设计中应充分考虑地下水、地表水、毛细管水和人为因素引起的水文地质变化的影响,综合确定地下工程防水等级。

5.0.3 在混凝土初凝前和终凝前,宜分别对混凝土裸露表面进行抹面处理。

5.0.4 地下室底层和上部结构首层柱、墙混凝土带模养护时间,不应少于 3 d;带模养护结束后,可采用洒水养护方式继续养护,也可采用覆盖养护或喷涂养护剂养护方式继续养护。

5.0.5 地下室后浇带浇筑混凝土前必须全面清除两侧杂物,对混凝土侧面进行打毛处理,在主体结构混凝土完成后的 30~40 d 浇筑,振捣密实,两次拍压,抹平,湿养护不少于 7 d。

5.0.6 大体积混凝土的施工应符合《大体积混凝土施工规范》GB 50496 和《混凝土泵送施工技术规程》JGJ/T 10 的要求。

5.0.7 施工中不得擅自改变地下防水工程设计等级,防水材料的选择应符合相关标准规定。

5.0.8 柔性防水层应铺设在混凝土结构的迎水面,并采取可靠的保护措施。

6 砌体工程

6.0.1 砌体结构的设计应采取措施,预防太阳辐射热、环境温度、局部作用、材料体积稳定性和地基不均匀沉降等因素造成的裂缝,并应满足耐久性设计要求。

6.0.2 砌体工程设计时,应控制长高比,合理设置变形缝。凡不同荷载、长度过大、平面形状较为复杂、同一建筑物地基处理方法不同和有部分地下室的房屋,应从基础开始设置变形缝。

6.0.3 应在基础顶面(0.000)处及各楼层门窗口上部设置圈梁,并减少建筑物端部门窗数量。在较大窗口下部应设置混凝土梁,并在灰缝内设置通长钢筋。

6.0.4 砌体结构施工前应根据设计施工图纸、现场自然条件和墙体材料特点,编制墙体防裂施工技术方案及相应的工法。

 1 块材在储藏、运输及施工过程中,不应遭水浸冻。

 2 严禁干砖上墙。砌筑前 1~2 d 应浇水湿润,使砌筑时烧结类砖的相对含水率达到 60%~70%,其他非烧结类砖的相对含水率为 40%~50%;对混凝土多孔砖和混凝土实心砖宜在砌筑前喷水湿润。

 3 混凝土空心砌块、轻集料混凝土空心砌块,砌筑时产品龄期不应小于 28 d;蒸压加气混凝土砌块、蒸压粉煤灰砖、蒸压灰砂砖等砌筑时,自出釜之日起的龄期不应小于 28 d。

 4 填充墙砌筑前应绘制砌块排版图,并设置皮数杆,保证砌块搭接长度。

6.0.5 凸出外墙的挑板、雨篷嵌入墙体处应做同墙厚的混凝土翻边,高度不小于 150 mm。

6.0.6 自承重墙体应遵循下列规定:

 1 自承重墙厚度不宜小于 120 mm。

2 墙体门窗洞口顶标高与圈梁、框架梁底标高不同时,若两者相差不大于 300 mm,过梁应与圈梁、框架梁一起现浇(见图 6.0.6-1),否则设置的过梁两端伸入墙体内不小于 250 mm,或延伸至与构造柱、框架柱连接,其混凝土强度等级不低于 C20,过梁宽同墙厚。

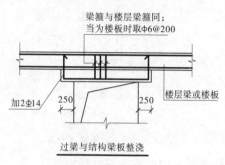

图 6.0.6-1 (单位:mm)

3 在容易出现墙体裂缝的顶层、底层及建筑物端部等部位,自承重墙应设计以下内容:

(1)所有墙体转角、纵横墙体相交部位、墙长超过 4 m 墙的中部、墙体端部无拉接处,构造柱截面尺寸为墙厚×200 mm,其混凝土强度等级不低于 C20,纵筋 4 Φ 12、箍筋 Φ 6@200 mm,构造柱纵向钢筋与主体结构可靠连接。

(2)墙体净高大于 4 m 时,应沿墙高设间距不大于 2 m 的钢筋混凝土带,并与框架柱、构造柱连接,混凝土强度等级不低于 C20,当墙体无洞口时,梁高度应不小于 120 mm,当墙体有洞口且宽度大于 3.0 m 时,梁高度应不小于 200 mm,宽度同墙厚。梁内纵筋不少于 4 Φ 10、箍筋 Φ 6@200 mm。

(3)门窗洞边距框架柱、构造柱边小于 240 mm 时,应沿窗洞高度范围设置不低于 C20 门(窗)垛,且门(窗)垛应配置构造钢筋与框架柱、构造柱连接(见图 6.0.6-2)。

4 设计应明确构造柱的布置方案。

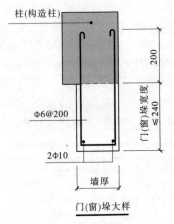

门(窗)垛大样

图 6.0.6-2 （单位:mm）

6.0.7 砌筑砂浆的使用应符合下列规定:

1 砌筑用砂宜采用过筛干净中砂,砂的含泥量:对水泥砂浆和强度等级不小于 M5 的水泥混合砂浆,不应超过 5%;对强度等级小于 M5 的水泥混合砂浆,不应超过 10%。

2 冬期施工所用的材料,含冻结块时,应融化后使用。

3 在砂浆中掺入的砌筑砂浆增塑剂、早强剂、缓凝剂、防冻剂、防水剂等砂浆外加剂,其品种和用量应经有资质的检测单位检验和试配确定;有机塑化剂应有砌体的型式检验报告。

4 砂浆中掺用粉煤灰等级及其掺量应符合现行行业标准《粉煤灰在混凝土和砂浆中应用的技术规程》JGJ 28 的规定。

5 预拌专用砂浆应按相应产品说明书的要求搅拌。

6 水泥进场后必须进行安定性和强度指标复检,砌筑砂浆应采用机械搅拌并保证搅拌时间。

6.0.8 砌体结构的施工在特定部位的处理应符合下列规定:

1 墙体中的施工洞顶部应设置过梁,侧边应砌成凸槎并留有拉结筋;施工洞孔口应尽快封堵,在进行墙面抹灰前应对过梁下存在的缝隙进行检查,填实后采用钢丝网水泥砂浆抹灰等防裂措施。

2 当开间尺寸较小,存在部分门洞上部过梁搭接间距不足时,宜采用过梁转弯搭接,保证整个过梁的搭接长度满足规范要求。

3 当填充墙砌至接近梁、板底时,应留不大于 30 mm 的空隙,墙体应卡入设在梁、板底的卡口铁件内,待混凝土砌块和加气混凝土砌块间隔 14 d 后,再采用弹性材料嵌塞;填充墙封顶的块材应在墙体砌筑完成 14 d 后斜砌。

6.0.9 砌体工程抹灰砂浆应符合下列规定:

1 抹灰砂浆宜用中砂。不得含有有害杂质,砂的含泥量不应超过 3%,且不应含有 4.75 mm 以上粒径的颗粒。

2 人工砂、细砂应经试配试验证明能满足抹灰砂浆要求后再使用。

3 加气混凝土墙面抹灰宜采用干粉专用砂浆。内外墙饰面应严格按设计要求的工序进行,待砌筑安装完毕后不应立即抹灰,待墙面含水率达 15% ~ 20% 后,再做装修抹灰层。

6.0.10 加气混凝土块在地震区砌筑时应采用专用砂浆砌筑,其水平灰缝和垂直灰缝的厚度均不宜大于 15 mm。当采用精确砌块和专用砂浆薄层砌筑方法时,灰缝不宜大于 3 mm。

6.0.11 砌体结构的施工应采取下列减小基础不均匀沉降及其影响的措施:

1 砌体结构的基础砌筑后,宜双侧回填;单侧回填土应在砌体达到侧向承载力后进行。

2 应根据地基变形监测情况调整施工进度。

3 对首层较长的墙体,可在基础不均匀沉降影响明显的区域留斜槎,待结构封顶后补砌。

7 现浇混凝土板工程

7.0.1 现浇混凝土板设计应遵循下列规定：

1 住宅的建筑平面宜规则,避免平面形状突变。当平面有凹口时,凹口周边楼板的配筋应适当加强。当楼板平面形状不规则时,应调整平面或采取构造措施。

2 建筑物两端开间及变形缝两侧的现浇板应设置双层双向钢筋,其他开间宜设置双层双向钢筋,钢筋直径不应小于 8 mm,间距不应大于 100 mm。其他外墙阳角处应设置放射形钢筋,钢筋的数量不应少于 7 Φ 10,长度应大于板跨的 1/3,且不应小于 2 000 mm。

3 在现浇板的板宽急剧变化、大开洞削弱处等易引起应力集中处,钢筋直径不应小于 8 mm,间距不应大于 100 mm,并应在板的上表面布置纵横两个方向的温度收缩钢筋。板的上、下表面沿纵横两个方向的配筋率均应符合规范要求。

4 钢筋混凝土现浇墙板长度超 20 m 时,钢筋应采用细而密的布置方式,钢筋的间距宜≤150 mm。

5 在房屋两端阳角处、屋面板以及与周围梁、柱、墙等构件整浇的现浇板,应配置抵抗温度变形的钢筋,并应符合现行国家标准《混凝土结构设计规范》GB 50010 的要求。

6 现浇板混凝土强度等级不宜大于 C30。

7.0.2 悬挂于梁下的外墙混凝土装饰板,不论整浇或后浇,其伸缩缝间距不宜大于 6 m,同时还应设置足够的抗裂纵筋。

7.0.3 厨卫间和有防水要求的楼板周边除门洞外,应做一道高度不小于 200 mm 的混凝土导墙,与楼板同时浇筑,墙体内的电线管固定牢固,防止偏位,建筑完成地面标高符合设计要求。

7.0.4　厨卫间和有防水要求的楼、地面的防水层在门口处应水平延展,且向外延展的长度不应小于 500 mm,向两侧延展的宽度不应小于 200 mm。

7.0.5　厕浴间、厨房四周墙根防水层泛水高度不应小于 250 mm,其他墙面防水以可能溅到水的范围为基准向外延伸不应小于 250 mm。浴室花洒喷淋的临墙面防水高度不得低于 2 m。

7.0.6　下沉式卫生间的防水做法应符合《建筑室内防水工程技术规程(附条文说明)》CECS 196 和《住宅室内防水工程技术规范》JGJ 298 的要求。

7.0.7　模板和支撑的选用必须经过计算,除满足强度要求外,还必须有足够的刚度和稳定性。拆模时,应确保混凝土强度满足施工规范要求后方可拆模。

7.0.8　严格控制现浇板的厚度和现浇板中钢筋的位置,钢筋间隔件设置应符合《混凝土结构用钢筋间隔件应用技术规程》JGJ/T 219 的规定。

7.0.9　严格控制混凝土构件几何尺寸,模板支架和斜撑必须支撑在坚实地基上并有足够的支撑面积,确保不会下沉。混凝土浇筑前应仔细检查支撑牢固情况,浇筑应分层进行,均匀下料。

7.0.10　楼板、屋面板混凝土浇筑前,必须搭设可靠的施工平台、走道,施工中应派专人护理钢筋,确保钢筋位置符合要求。

7.0.11　现浇板中的管线必须布置在钢筋网片之上(双层双向配筋时,布置在下层钢筋之上),楼板内敷设电线管应避免交叉,必须交叉时应采用线盒。严禁三层及三层以上管线交错叠放,线管的直径应小于 1/3 楼板厚度,沿预埋管线方向应增设 Φ 6@150、宽度不小于 450 mm 的钢筋网带。水管严禁水平埋设在现浇板中。

7.0.12 施工缝的位置和处理、后浇带的位置和混凝土浇筑应严格按设计要求和施工技术方案执行。

7.0.13 混凝土浇筑后,在混凝土初凝前和终凝前,宜分别对混凝土裸露表面进行抹面处理。

7.0.14 应在混凝土浇筑完毕后的 12 h 以内对混凝土加以覆盖和保湿养护,并遵循以下规定:

　　1　根据气候条件,淋水次数应能使混凝土处于湿润状态。养护用水应与拌制用水相同。

　　2　用塑料布覆盖养护,应全面将混凝土盖严,并保持塑料布内有凝结水。

　　3　日平均气温低于 5 ℃时,不应淋水。

　　4　采用硅酸盐水泥、普通硅酸盐水泥拌制的混凝土,养护时间不应少于 7 d。

　　5　对掺用缓凝型外加剂或有抗渗性能要求的混凝土,养护时间不应少于 14 d。

　　6　冬季施工时,应及时对混凝土实施保温养护。

7.0.15 现浇板养护期间,当混凝土强度小于 1.2 MPa 时,不应进行后续施工;当现浇板上需要承受较大荷载时,应采取相应技术措施。

7.0.16 厨卫间和有防水要求的房间穿过楼板的管道、地漏留洞封堵密实后,应做防水构造处理。

7.0.17 阳台、卫生间、厨房与楼地面之间 30 ~ 50 mm 的高差,宜采用角钢加工成框固定,满足与楼板高差及厨卫间楼板厚度的要求。

7.0.18 找平层、防水层、面层应基层清洗干净,结合牢固,面层表面不应有裂纹、脱皮、麻面、起砂等缺陷,各层均应进行蓄水(泼水)试验检查。

7.0.19 严格控制混凝土结构楼层标高及预埋件、预留孔洞的标高。每层楼设足够的标高控制点,竖向模板根部必须找平,建筑楼层标高由首层标高控制,严禁逐层向上引测,防止累计误差;当建筑高度超过 30 m 时,应另设标高控制线,每层标高引测点应不少于 2 个,便于复核。

7.0.20 预埋件和预留孔洞在安装前应仔细核对,准确固定,必要时采用电焊或套框的方法,浇筑混凝土时,应沿其周围分层浇筑,严禁碰击和振动预埋件模板。楼梯踏步模板安装时应考虑装修层厚度。

8 门窗工程

8.0.1 建筑外窗应满足建筑节能的要求,明确选用的标准图集和门窗代号。玻璃和组合门窗拼樘料应进行抗风压变形验算,对有抗震设计要求的地区,尚应考虑地震作用的组合效应。

玻璃应符合《建筑玻璃应用技术规程》JGJ 113 的要求。拼樘料应左右或上下贯通,拼樘料与门窗洞口连接应符合《塑料门窗工程技术规程》JGJ 103 的要求,并有节点构造详图。

8.0.2 门窗的型材应符合《铝合金门窗工程技术规范》JGJ 214 和《塑料门窗工程技术规程》JGJ 103 的规定。

铝合金窗的主型材主要受力部位基材实测最小壁厚不得小于 1.4 mm,铝合金门的主型材主要受力部位基材实测壁厚不得小于 2 mm,镀锌钢副框壁厚不应小于 1.5 mm。塑钢门窗型材必须选用与其相匹配的热镀锌增强型钢,型钢壁厚应满足规范和设计要求,且窗的钢衬厚度不小于 1.5 mm,门型材壁厚不小于 2.0 mm。

8.0.3 选用五金配件的型号、规格和性能应符合国家现行标准和有关规定要求,并与门窗相匹配。平开门窗扇的铰链、螺栓或撑杆等应选用不锈钢或铜等耐腐蚀金属材料。

8.0.4 门窗框与洞口、扇与框间应明确防止渗漏、结露的构造做法,并有节点详图。

8.0.5 严格执行使用安全玻璃的规定,针对使用需要正确选择门窗玻璃厚度。活动门玻璃、固定门玻璃和落地窗玻璃的选择应符合表 8.0.5 规定。

   1 有框玻璃应使用符合表 8.0.5 规定的玻璃;

   2 无框玻璃应使用公称厚度不小于 12 mm 的钢化玻璃。

表 8.0.5　安全玻璃最大许用面积

玻璃种类	公称厚度（mm）			最大允许面积（m²）
钢化玻璃	4			2.0
	5			3.0
	6			4.0
	8			6.0
	10			8.0
	12			9.0
夹层玻璃	6.38	6.76	7.52	3.0
	8.38	8.76	9.52	5.0
	10.38	10.76	11.52	7.0
	12.38	12.76	13.52	8.0

8.0.6　门窗框安装固定前,应根据水平基准线、洞口定位中线和墙体轴线对预留洞口尺寸进行复核,确保联结可靠,和墙体之间弹性联结。

8.0.7　门窗洞口应干净干燥后施打闭孔弹性发泡剂,发泡剂应连续施打,一次成型,充填饱满。溢出门窗框外的发泡剂应在结膜前塞入缝隙内,防止发泡剂外膜破损。

8.0.8　打胶面应干燥、干净后施打密封胶,且应采用中性硅酮密封胶。密封胶应粘接牢固,表面光滑、顺直,无裂缝。

8.0.9　外门窗下框槽口应钻 4×30 mm 平底泄水孔,其间距宜在 600 mm 左右,并应高出外窗台面。

8.0.10　外窗台应低于室内窗台板 20 mm,窗楣做成鹰嘴形或滴水槽。窗台面应外倾排水,坡度不小于 10%,外窗四周面砖嵌缝严密,外窗台面砖须入底框内不小于 50 mm。

9 屋面工程

9.0.1 屋面工程的防水等级和做法应符合《屋面工程技术规范》GB 50345 的要求。屋面节点设计应保证节点设防的耐久性不低于整体防水的耐久性。

9.0.2 屋面应适当划分排水坡,确定排水区域和排水线路,确保坡向正确,坡度明显。找平层施工时,应严格按设计坡度拉线,施工完成后,对其坡度、平整度及时组织验收,必要时,在雨后检查是否积水。

9.0.3 出屋面洞口、管道、井(烟)道等在防水层施工前必须按设计要求预留、预埋准确,不得在防水层上打孔、开洞。穿透屋面现浇板的预埋件必须设有止水环。

9.0.4 埋入屋面现浇板的穿线管及接线盒等物件应固定在模板上,以保证现浇板内预埋物保持在现浇板的下部,使板内线盒、线管上有足够高度的混凝土层,确保盒、管上面的混凝土不开裂。

9.0.5 卷材屋面防水檐口 800 mm 范围内的卷材应满粘,卷材收头应用金属压条钉压固定,并用密封材料封严。

9.0.6 檐沟和天沟的防水层下面应设附加层,宽度符合设计要求,当檐沟外侧板高于屋面结构板时,为防止雨水口堵塞造成积水浸入屋面,应在檐沟两端设置溢水口。

9.0.7 屋面水落口宜采用塑料或金属制品,水落口与结构板之间应用混凝土灌填密实;水落口采用金属制品时,所有零件应做防锈处理。

9.0.8 水落口周围 500 mm 范围内坡度不应小于 5%,并在防水层下面增设涂膜附加层。防水层和附加层深入水落口杯内不应小于 50 mm,并粘接牢固。

9.0.9　种植屋面的防水等级应为 I 级,两道防水设防,耐根穿刺防水层的性能指标应符合《种植屋面用耐根穿刺防水卷材》JC/T 1075 的要求。

9.0.10　种植屋面防水层上面必须设置细石混凝土保护层,以抵抗种植土和种植工具对防水层的破坏,并严格控制种植土和种植植物的重量。

9.0.11　屋面防水施工完毕后,应进行蓄水或淋水试验。后期安装在屋面上的物件,应采取防止其破坏屋面防水层的保护措施。

10 建筑护栏

10.0.1 安装护栏时应充分考虑建筑地面(或屋面)二次装修对其实际使用高度的影响,确保护栏有效使用高度满足设计要求。

10.0.2 金属栏杆制作和安装的焊缝,应进行外观质量检验,其焊缝应饱满可靠,严禁点焊。

10.0.3 预埋件或后置埋件的规格、型号、制作和安装方式除应符合设计要求外,尚应符合以下要求:

1 主要受力杆件的预埋件钢板厚度不应小于 4 mm,宽度不应小于 80 mm,锚筋直径不小于 6 mm,每块预埋件不宜少于 4 根锚筋,埋入混凝土的锚筋长度不小于 100 mm,锚筋端部为 180°弯钩。当预埋件安放在砌体上时,应制作成边长不小于 100 mm 的混凝土预制块,混凝土强度等级不小于 C20,将埋件浇筑在混凝土预制块上,随墙体砌块一同砌筑,不得留洞后塞。

2 主要受力杆件的后置埋件钢板厚度不小于 4 mm,宽度不宜小于 60 mm;立柱埋件不应少于两个锚栓,应前后布置,两个锚栓的连线应垂直相邻立柱间的连线,锚栓的直径不宜小于 10 mm;后置埋件必须直接安装在结构或构件上,已装饰部位应先清除装饰材料(含混凝土和水泥砂浆找平层)后才能安装后置埋件。

3 碳素钢和铸铁等栏杆必须进行防腐处理,除锈后应涂刷(喷涂)两道防锈漆和两道及以上的面漆。

10.0.4 护栏施工完成后距楼面或屋面 100 mm 高度范围内不应留空。

10.0.5 护栏应符合《建筑用玻璃与金属护栏》JG/T 342 的要求,

并提供产品出厂合格证明文件和型式检验报告。

现场制作和安装的护栏,应提供设计文件、计算书和施工资料。安装完成的护栏,应对用量较多的和跨度最大的护栏抽样进行承载力检验,检验方法和结果应符合《建筑用玻璃与金属护栏》JG/T 342 的要求。

11 装饰装修工程

11.0.1 墙面抹灰层的设计应采取下列抗裂措施：

1 当墙面抹灰层的厚度为 25～35 mm 时,应采用金属网分层进行加强处理。

2 墙体管线槽处及施工洞口接茬处应采用金属网或玻璃纤维网格布进行加强处理。

3 墙面基层不同材料相交部位的抹灰层应采用金属网或玻璃纤维网格布进行加强,加强网应超过相交部位不少于 100 mm。

4 墙面内安装的各种箱柜,其背面露明部分应加钉钢丝网;钢丝网与界面处墙面的搭接宽度应大于 100 mm。

11.0.2 住宅室内自然间墙面之间的净距允许偏差不宜大于 15 mm,房间对角线基层净距差允许偏差不宜大于 20 mm。检查方法应符合《住宅室内装饰装修工程质量验收规范》JGJ/T 304 的要求。

11.0.3 住宅室内自然间的基层净高允许偏差不宜大于 15 mm,同一平面的相邻基层净高允许偏差不宜大于 15 mm。检查方法应符合《住宅室内装饰装修工程质量验收规范》JGJ/T 304 的要求。

11.0.4 墙面抹灰层的施工应符合下列规定：

1 墙面表面杂物和尘土应清除,抹灰前应湿润;混凝土和加气混凝土基层应凿毛或甩毛。

2 底层粉刷石膏应分层刮压,每层厚度应为 5～7 mm,面层粉刷石膏的厚度应为 1～2 mm,压光应在终凝前完成。

3 砂浆抹灰层应按三遍抹至设计厚度。

4 外墙面抹灰宜加适量聚丙烯短纤维,并应根据建筑物立面形式按下列规定适当留置分隔缝：

（1）水平分隔缝宜设在门窗洞口处；

（2）垂直分隔缝宜设在门窗洞口中部；

（3）山墙水平和垂直分隔缝间距不宜大于 2 m；

（4）女儿墙的分格缝间距不宜大于 1.5 m。

5 抹灰完成后应喷水或涂刷防裂剂进行养护，养护时间不应少于 7 d。

6 预拌砂浆或干粉砂浆的抹灰应按砂浆说明书及国家现行相关标准执行。

11.0.5 装修工程所用水泥进场后，应对其安定性、凝结时间等指标复验。

11.0.6 装修工程的砂浆宜采用中砂配制，砂的含泥量不应大于3%，且不得含泥块、草根、树叶等杂质。

11.0.7 外墙抹灰和室内顶棚抹灰达到规定龄期后，应进行拉伸黏结强度检验，检验方法和结果应符合《抹灰砂浆技术规程》JGJ/T 220的要求。

11.0.8 装修工程的饰面砖、饰面板和大理石及花岗岩板材等装饰面材在运输及储存时应采取避免损伤的措施；在使用前，应对其表面裂缝等缺陷进行检查，并对其体积稳定性、吸水率和强度指标进行检验。

11.0.9 地面的地基处理应符合《建筑地面设计规范》GB 50037的要求。地面装修工程应在变形稳定的土层或满足刚度要求的楼面结构上施工；地面装修的垫层应设置横向缩缝和纵向裂缝，缝的设置应符合现行国家标准《建筑地面工程施工质量验收规范》GB 50209 的规定。

11.0.10 建筑装修板块面层的施工应符合下列规定：

1 室内地面瓷砖宜采用干铺法施工。

2 地砖间留缝宜为 1~3 mm，与墙柱间留缝宜为 3~5 mm。

3 大理石、花岗石块材间留缝宜为 1 ~ 2 mm,与墙柱间留缝宜为 8 ~ 12 mm;面层宜每隔 8 ~ 10 m 设置伸缩缝,留缝宜为 10 ~ 20 mm。

4 预制板块之间留缝宜为 3 mm,与墙柱间留缝宜为 8 ~ 12 mm。

11.0.11 地面变形缝设置应与结构缝位置一致,且应贯通地面的各个构造层。

12 外墙保温工程

12.0.1 建筑设计文件应注明外保温体系中保温材料的设计使用年限,明确保温系统使用期间的维护及达到设计使用年限后的更换措施。

12.0.2 外墙外保温做法中的保温材料供货时,应由供货商提供成套产品,并经有资质的检测机构检测合格,确保所有组成材料相容性及稳定性;保温系统材料的生产厂家应提供产品合格证、出厂检验报告、有效期内系统型式检验报告。材料进场后应按有关标准规定进行抽样复验,复验应为见证取样送检,严禁使用不合格产品。

12.0.3 现场拌制的保温材料必须依照设计要求或产品说明书等相关资料要求进行,并进行现场计量。

12.0.4 除采用预置保温板现浇混凝土外墙外保温系统外,外保温工程施工前,外门窗框、进户管线及墙上预埋件和预留洞口等应施工完毕并经验收合格。

12.0.5 外保温工程施工时,外墙面的整体提升脚手架孔洞、对拉螺栓孔洞、脚手架连墙件处孔洞等应填实修补完成并通过基层质量验收。

12.0.6 对突出建筑物表面的腰线、窗台板、空调板、女儿墙、屋面挑檐及建筑底层勒脚应明确建筑节能做法及局部增强措施。

12.0.7 外墙外保温系统基层的平整度应控制在 4 mm 以内,板类保温材料的粘贴方式要满足设计要求的错缝及套割规定,抗裂砂浆的厚度应均匀一致且满足规定,外墙转角处及门窗洞口要按标准规定增设加强网,抗裂砂浆的热镀锌钢丝网或耐碱玻纤网应位于抗裂砂浆的中部。

12.0.8 保温层厚度应符合设计要求,保温层与面层应粘接牢固,严禁空鼓、裂缝。

12.0.9 外保温工程施工期间以及完工后 24 h 内,基层及环境空气温度不应低于 5 ℃。夏季应避免阳光暴晒。在 5 级以上大风天气和雨天不得施工。

13 给水排水及供暖工程

13.0.1 管道安装应符合下列要求：

1 给水管道系统施工时，应复核冷、热水管道的压力等级和类别；管道系统的管材、管件必须配套使用，不同系统的管材、管件不得混用。管道安装标记应朝向易观察的方向。

2 管道穿越地下室外墙、水池等有防水要求的部位时，应设置防水套管；穿越不同的人防分区的管道应设置人防套管；管道穿过墙壁和楼板，应设置金属或塑料套管；管道穿越屋面时，应设置高出建筑屋面 300 mm 以上的钢质防水套管。

3 安装在楼板内的套管，其顶部高出装饰地面 20 mm；安装在卫生间及厨房内的套管，其顶部应高出装饰地面 50 mm，底部应与楼板底面相平；安装在墙壁内的套管其两端与饰面相平。套管与管道间环缝间隙宜控制在 10～15 mm，套管与管道之间缝隙应采用阻燃和防水柔性材料封堵密实。

4 管道在穿过伸缩缝、抗震缝及沉降缝时，管道系统应采取补偿措施。

5 暗装的管道应标注类别、区域、走向等内容，并提供相应施工图。

6 承压管道应按材质、设计压力等不同进行水压试验。

13.0.2 排水管道安装应符合下列要求：

1 各类排水管道安装，坡度应符合设计规定，严禁无坡或倒坡。

2 水平和垂直敷设的塑料排水管道伸缩节的设置位置、形式和数量必须符合设计及相关规范的要求。

3 当污、废水排水横管敷设于下一层的套内空间时,其清扫口应设置在本层。

4 排水立管底部弯管处应采取固定措施。

5 塑料排水管道应按设计文件要求安装阻火圈。

6 埋地及所有可能隐蔽的排水管道,应在隐蔽或交付前做灌水试验并合格。

13.0.3 卫生器具安装应符合下列要求:

1 卫生器具与相关配件必须匹配成套,安装时,应采用预埋螺栓或膨胀螺栓固定,陶瓷器具与紧固件之间必须设置弹性隔离垫。卫生器具在轻质隔墙上固定时,应预先设置固定并标明位置。

2 带有溢流口的卫生器具安装时,排水栓溢流口应对准卫生器具的溢流口,镶接后排水栓的上端面应低于卫生器具的底部。

3 蹲便器冲洗管必须安装空气隔断附件,防止污水虹吸回流污染。

13.0.4 排水系统水封应符合下列要求:

1 室内排水系统的每一个受水口处,应按设计图纸明确水封的位置和选用的水封部件类型。

2 地漏和管道"S"弯、"P"弯等起水封作用的管道配件,必须满足相关产品标准要求。带水封的地漏水封高度不得小于 50 mm,且严禁采用钟罩(扣碗)式地漏。

3 排水栓和地漏安装应平整、牢固,低于排水地面 5～10 mm,地漏周边地面应以 1% 的坡度坡向地漏,且地漏周边应防水严密,不得渗漏。

13.0.5 消火栓系统、自动喷水灭火系统及移动式灭火器应符合下列要求:

1 箱式消火栓的设置位置应符合设计要求,箱中的消火栓口应确保接驳顺利。

2 移动式灭火器的配置应符合设计要求,应便于取用,且不得影响安全疏散。

　　3　自动喷水灭火管道系统支架、吊架、防晃支架的安装应符合《自动喷水灭火系统施工及验收规范》GB 50261 要求;沟槽连接的管道,水平管道接头和管件两侧应设置支、吊架,支、吊架与接头的间距不宜小于 150 mm,且不宜大于 300 mm。

　　4　自动喷水灭火系统的型号、规格、使用场所应符合设计要求;直立、下垂喷头溅水盘高于附近梁底或高于宽度大于 1.2 m 的通风管道、排管、桥架腹面时,喷头的安装应符合《自动喷水灭火系统施工及验收规范》GB 50261 的要求。

13.0.6　室内供暖系统应符合下列要求:

　　1　散热设备、管材选用应符合设计文件要求,并应按要求进行检验;管材、管件应相匹配。

　　2　管道与金属支、吊架之间应设置绝热衬垫。设有补偿器的管道应设置固定支架和导向支架,其形式和位置应符合设计要求。

　　3　供暖系统的过滤器应水平安装,平衡阀位置安装正确。

　　4　户内采暖系统管道的布置为暗埋时,暗埋的管道不应有接头,并在墙、地面上应标明其位置和走向。

　　5　散热器位置准确,支架、托架安装构造正确,埋设牢固。

13.0.7　水泵安装应符合下列要求:

　　1　型钢或混凝土基础的规格和尺寸、基础标高应与机组匹配,中心线一致;预留洞的位置和深度应符合设计要求;基础四周应有排水设施。

　　2　水泵的规格、型号、技术参数和产品性能指标应符合设计要求,水泵的隔振、减振器装置,其品种、规格应符合设计及产品技术文件要求。

　　3　水泵吸入管应按设计要求安装阀门、过滤器;水泵吸入管变径时,应做偏心变径管,管顶上平;吸入管应设置独立的管道支、吊架。

4 水泵出水管段安装顺序应依次为变径管、可挠曲软接头、短管、止回阀、试验放水阀及排水管（仅消防水泵有）、闸阀（蝶阀）；出水管应设置独立的管道支、吊架。

13.0.8 管道保温应符合下列要求：

1 保温（绝热）材料的材质、规格、厚度以及耐火等级应符合设计图纸要求，并进行见证取样送检。

2 保温（绝热）管（板）的结合处不得出现裂缝、空隙等缺陷；管道保温（绝热）材料在过支架处应连续并结合紧密；管道过墙、楼层应设置套管并用保温材料封堵。阀门和其他部件应根据部件的形状选用专用保温（绝热）管壳，确保阀门、部件与保温（绝热）管壳能够结合紧密。

14 电气工程

14.0.1 电线保护管的敷设应符合下列要求:

1 电线保护管接口要处理好,保证连接牢固、接口紧密,连接配件配套、齐全,保证连接处不渗、漏水等;金属导管严禁对口熔焊连接,金属导管应保证接地电气连接通路,JDG 电导管在紧定时应拧断紧定螺钉;PVC 管采用专用配套接头,连接管两端连接处使用配套、专用的胶合剂进行粘接。

2 当电线保护管在墙体剔槽埋设时,宜选用机械切割,剔槽的宽度和深度满足配管要求,严禁在承重墙上开长度大于 300 mm 的水平槽,线槽应采用强度等级不小于 M10 的水泥砂浆抹面保护,保护层厚度大于 15 mm;墙体内集中布置电导管和大管径电导管的部位应用混凝土浇筑。

3 暗敷设的开关盒、插座盒、配电箱埋设的位置符合设计要求,安装应端正,在现浇混凝土内的盒与混凝土表面平齐。相同型号功能灯具开关盒、相同型号功能插座盒在同一室内安装高度一致,并列安装相邻高差小于 0.5 mm。照明灯具开关盒边缘距门框边缘的距离为 0.15 ~ 0.2 m,距地面高度 1.3 m。

4 金属或非金属软管做电线保护管时,与电气设备连接时其长度不大于 0.8 m;与照明器具连接时其长度不大于 0.8 m;在潮湿和露天场所应采用防液型复合管。

5 在金属导管的连接处,管线与配电箱体、接线盒、开关盒及插座盒的连接处应连接可靠。可挠柔性导管和金属导管不得作为保护线(PE)的接续导体。

14.0.2 配线施工应符合下列要求:

1 同一建筑物、构筑物的各类电线绝缘层颜色选择应一致，并应符合规定要求。即保护地线（PE）应为绿、黄相间色，中性线（N）应为淡蓝色，三相相线分别应为 L1 – 黄色、L2 – 绿色、L3 – 红色。

2 各种导线的连接应严格按照操作工艺进行，连接牢固、可靠，并符合《1 kV 及以下配线工程施工与验收规范》GB 50575 的要求。

3 导线编排要横平竖直，剥线头时应保持各线头长度一致，导线插入接线端子后不应有导体裸露；铜端子头与导线连接处用与导线相同颜色的绝缘胶带包扎。

14.0.3 灯具安装及接线应符合下列要求：

1 在砌体和混凝土结构上严禁使用木楔、尼龙塞或塑料塞安装固定电气照明装置。

2 Ⅰ类灯具的不带电的外露可导电部分必须与保护接地线（PE）可靠连接，且应有标识。

3 连接吊灯灯头的软线应做保护扣，两端芯线应搪锡压线；当采取螺口灯头时，相线应接于灯头中间触点的端子上。

14.0.4 开关、插座安装及接线应符合下列要求：

1 套内安装在 1.80 m 及以下的插座均应采用安全型插座，卫生间和不封闭阳台的电源插座应采用防溅型，洗衣机、电热水器的电源插座应带开关。在卫生间，插座不应设在 0、1 及 2 区内；0～2 防护区域内，不应有与洗浴设备无关的配电线路敷设，防护区域的墙上不应装设与配电箱等无关的用电设施。

2 同一回路的电源插座间的接地保护线（PE）不得串联连接，必须直接从 PE 干线接出单根 PE 支线接入插座；相线与中性线不得利用插座本体的接线端子转接供电；可采用焊锡或压线帽等可靠的永久连接方式。

3 同一建筑物、构筑物的开关采用统一系列的产品，开关的通断位置一致,操作灵活、接触可靠。

14.0.5 配电箱安装及箱内配线应符合下列要求:

1 配电箱在进场验收时,应严格按照设计图纸对配电箱内的开关、断路器等型号、规格、参数进行验收。

2 位置正确,部件齐全,箱体开孔与导管管径适配,应一管一孔,不得用电、气焊割孔;暗装配电箱箱盖应紧贴墙面,箱(板)涂层应完整;导线与电气元件连接时,应要求使用接线端子,配电箱内连接线线径,接线端子及端子排的规格必须满足回路负荷要求,不得任意缩小线径和规格,不得使用不合格的产品。

3 配电箱(柜、盘)内应分别设置中性(N)和保护(PE)线汇流排,汇流排的孔径和数量必须与 N 线和 PE 线要径、电线根数适配,严禁导线在管、箱(盒)内分离或并接。

4 箱(板)内相线、中性线(N)、保护接地线(PE)的编号应齐全、正确;配线应整齐,无绞接现象;电线连接应紧密,不得损伤芯线和断股,多股电线应压接接线端子或搪锡;螺栓垫圈下两侧压的电线截面面积应相同,同一端子上连接的电线不得多于 2 根。

5 照明配电箱(板)不带电的外露可导电部分应与保护接地线(PE)连接可靠,箱门开启灵活,门和框架的接地端子间应用裸编织软铜带连接,且有标识。

6 箱体内的线头要统一,布线要整齐美观,绑扎固定,并在箱体内预留 100 mm 以上的余量。配电箱(柜、盘)内回路功能标识齐全、准确。

14.0.6 电缆桥架、母线槽安装应符合下列要求:

1 桥架、线槽型号、规格应符合设计要求,其弯头、三通、四通等应采用同品牌、同型号的成品配件。

2 金属电缆桥架、线槽全长不少于 2 处(一般在变配电室起始端、电气竖井终点端)与接地(PE)干线相连接;当全长大于 30 m 时,应每隔 20～30 m 增加与接地保护干线的连接点。

3 非镀锌电缆桥架、线槽间连接板的两端跨接线连接在电缆桥架专用接地螺栓上,其跨接线应采用截面面积不小于 4 mm² 的铜编织带或铜质线材;桥架本体应固定在支架上;引入或引出的金属导管应与桥架间做跨接线;母线槽的金属外壳每段用不小于 16 mm² 的裸编织软铜带跨接;所有跨接线防松装置齐全。

14.0.7 防雷及等电位联结应符合下列要求:

1 防雷、接地网(带)应根据设计要求的位置和数量进行施工,搭接长度符合要求,焊接处焊缝应饱满(圆钢采用双面焊接,扁钢采用三面焊接),并对焊接处做防腐处理;避雷带支架安装位置准确垂直,水平直线部位间距均匀,固定牢固。

2 当避雷带、接地干线跨越建筑物变形缝时,应设补偿装置。

3 屋面及外露的其他金属物体(管道、金属扶手、风机、冷却塔及建筑物景观照明灯、设备外壳及设备基础等金属物体)应与屋面防雷装置连接成一个整体的电气通路。

4 建筑物外墙应留置供测量用的接地装置引下线测试点,测试点设置数量符合设计的要求,但不少于 2 处,其位置距离散水高度一般为 500~800 mm;接地测试点装置应设保护,并做标识。

5 在各区域电源进线处应设置总等电位联结,将电气装置总接地导体和建筑物内的水管、燃气管和采暖管道等各种金属干管进行总等电位联结。总等电位联结应直接连接,不得串接。

6 设有洗浴设备卫生间内局部等电位联结应按设计要求安装到位,等电位箱内端子排厚度不应小于 4 mm,材质宜为铜质材料。

14.0.8 建筑内的电缆井、管道井应在每层楼板处采用不低于楼板耐火极限的不燃烧体或防火封堵材料封堵。建筑内的电缆井、管道井与房间、走道等相连通的孔洞应采用防火封堵材料封堵。

15 通风工程

15.0.1 厨房、卫生间排气道应符合下列要求：

1 建筑、结构设计应依据建筑层数选用排气道的型号及规格，在设计图纸上标明截面外形尺寸和楼板预留孔洞尺寸。

2 结构工程施工时，排气道预留孔洞的尺寸和位置应符合设计要求，确保上、下垂直对中，并在混凝土浇筑前进行复核。

3 排气道安装应符合设计要求，排气道安装时应检查型号、规格，验收时应查看是否装有止回阀装置。在土建结构主体工程完毕之后，装饰工程及其他设备管道安装之前进行，屋顶风帽应在屋面防水层及保温隔热层施工前，按照设计要求进行。

4 排气道安装应自下而上逐层安装，每安装好一层管道时，应及时用 C20 细石混凝土将排气道与楼板之间的缝隙填实，并做防水处理。

15.0.2 通风及防排烟工程应符合下列要求：

1 通风及防排烟系统的风管布置及防火阀、排烟阀、排烟口等的设置，均应符合国家现行有关规范的规定。

2 金属排烟风管应采用角钢法兰连接，法兰的螺孔排列应一致，同一批量加工的相同规格法兰的螺孔排列应一致，并具有互换性。

3 矩形风管弯头边长大于或等于 500 mm，且内弧半径与弯头端口边长比小于或等于 0.25 时，应设置导流叶片。

4 风管法兰结合应紧密，翻边一致，风管的密封应以板材连接的密封为主，密封胶的性能应适合使用环境的要求。密封面宜设在风管的正压侧。防排烟系统应采用不燃材料。

5 防排烟系统的柔性短管的制作材料必须为不燃材料。柔性短管长度为 150～300 mm,两端面应大小一致,两侧法兰应平行,其规格应与风管的法兰规格相同。

6 附设在建筑内的风机房应采用耐火极限不低于 2.00 h 的隔墙与其他部位分隔。在风管穿过防火隔墙或楼板时,应设埋设套管,其钢板厚度不应小于 1.6 mm。风管与防护套管之间,应用不燃且对人体无危害的柔性材料封堵。

7 防火分区隔墙两侧安装的防火阀距墙不应大于 200 mm;边长(直径)大于或等于 630 mm 的防火阀应设独立的支、吊架。

8 风机安装应符合下列要求:

(1)风机落地安装的基础标高、位置及预留洞的位置应符合设计要求。

(2)风机落地安装时,应固定在隔振底座上,底座尺寸应与基础大小匹配,中心线一致,隔振底座与基础之间应按设计要求设置减振装置;风机吊装时,吊架及减振装置应符合设计及产品技术文件的要求。

(3)风机直通大气的进、出口,必须装设防护罩(网),制作钢丝网孔的钢丝直径不应小于 1.2 mm;风机在室外或屋顶安装时,风机直通大气的进、出口应有防雨措施。

附录1

住宅工程质量常见问题防治任务书

_____（施工单位）：

由你公司承建的_____工程以下内容列入住宅工程质量常见问题防治计划,具体项目如下：

1. 墙体裂缝防治

2. 钢筋混凝土现浇楼板裂缝防治

3. 楼地面渗漏防治

4. 外墙渗漏防治

5. 门窗渗漏防治

6. 屋面渗漏防治

7. 变形缝渗漏防治

8. 室内标高和几何尺寸控制

9. 安全防护的控制

10. 给水排水工程质量常见问题防治

11. 电气工程质量常见问题防治

12. 通风工程质量常见问题防治

请按照现行工程建设标准及《河南省住宅工程质量常见问题防治技术规程》的要求,编制上述项目的《住宅工程质量常见问题防治方案和施工措施》,经项目总监理工程师审查后,于_____年____月____日前报我单位批准。

_____（建设单位章）

_____年___月___日

建设单位代表		设计单位代表	
监理单位代表		施工单位代表	

注:本任务书一式三份,建设单位、监理单位、施工单位各一份。

附录 2

住宅工程质量常见问题防治内容总结报告

施工单位：

建设单位		结构层次	
工程名称		建筑面积	
监理单位		开工日期	
工程地点		竣工日期	
序号	防治项目	主要措施及防治结果	
1	墙体裂缝		
2	钢筋混凝土现浇楼板裂缝		
3	楼地面渗漏		
4	外墙渗漏		
5	门窗渗漏		
6	屋面渗漏		
7	变形缝渗漏		
8	室内标高和几何尺寸		
9	安全防护		
10	给水排水工程质量常见问题		
11	电气工程质量常见问题		
12	通风工程质量常见问题		
项目技术负责人： 　项目经理： 　　　　年　月　日		总监理工程师： 　　　　年　月　日	

附录3

住宅工程质量常见问题防治工作评估报告

监理单位：

建设单位		结构层次	
工程名称		建筑面积	
施工单位		开工日期	
工程地点		竣工日期	
防治项目 完成情况			
主要防治 监督措施			
检验 内容及结果			
防治成果 评　价			
备　注			
总监理工程师： 　　　　　　　　　　　　　　　　年　月　日			

本规程用词说明

1. 为便于在执行本规程条文时区别对待,对于要求严格程度不同的用词说明如下:

(1)表示很严格,非这样做不可的用词:

正面词采用"必须",反面词采用"严禁"。

(2)表示严格,在正常情况下均应这样做的用词:

正面词采用"应",反面词采用"不应"或"不得"。

(3)表示允许稍有选择,在条件许可时首先应这样做的用词:

正面词采用"宜",反面词采用"不宜";

(4)表示有选择,在一定条件下可以这样做的,采用"可"。

2. 条文中指明必须按其他有关标准和规范执行时,写法为:"应按……执行"或"应符合……的要求(或规定)"。非必须按所指定的标准和规范执行时,写法为:"可参照……的要求(或规定)"。

河南省工程建设标准

住宅工程质量常见问题防治技术规程

DBJ41/T070—2014

条 文 说 明

目　　次

5　地下工程防水

5.0.1　钢筋配置是为加强钢筋与混凝土的握裹力,增强抵抗裂缝开展的能力,引导混凝土裂缝变为细而密,发挥防水混凝土的裂缝自愈、闭合能力,防止渗漏。

5.0.2　考虑到地下工程渗漏很多是地表水、场地排水不畅等造成,确定地下工程防水等级应充分考虑这些因素的影响。

5.0.4　混凝土带模养护是减少裂缝的有效措施。

5.0.7　工程施工中常发生擅自改变地下防水做法、等级和防水材料的现象,造成地下防水工程渗漏。

为保证防水效果,需对防水卷材进行可靠保护。同时,应满足《全国民用建筑工程设计技术措施结构(地基与基础)》(2009 年版)第 5.8.14 条"有抗震设防要求的建筑物,地下室外墙的防水护墙不应采用 100 mm 厚的聚苯。其原因是聚苯变形大,减弱了土体对建筑物的约束。一些建筑专业图集里常有 100 mm 厚聚苯护墙的做法,应注意提醒纠正,可采用实心砖护墙或 6 mm 左右的聚乙烯泡沫塑料片材"的要求。

6 砌体工程

6.0.1 根据目前工程实际,强调应符合《砌体结构设计规范》GB 50003"防止或减轻墙体开裂的主要措施"和"耐久性规定"的要求,以及相关标准在这两方面的要求。

6.0.4 砌筑施工时块材的含水率和砌筑砂浆品种对砌体质量影响很大,相关标准有不同规定。应按标准严格控制块材含水率和砌筑砂浆品种。

8 门窗工程

8.0.1~8.0.4 为选用玻璃和组合外窗安装满足使用安全要求，作此规定。

8.0.5 为防止门窗渗漏、结露，作此规定。

10　建筑护栏

10.0.1　考虑到部分工程为粗装修竣工,为保证使用安全,作此规定。

10.0.2　考虑到建筑护栏的承载力要求,应保证焊缝质量和尺寸。

10.0.5　《建筑用玻璃与金属护栏》JG/T 342 规定,正常生产时应每两年进行一次型式检验。

《建筑用玻璃与金属护栏》JG/T 342 规定的承载力检验要求为:

抗水平荷载性能,水平荷载作用于两立柱中间的扶手上,护栏最大的相对水平位移不应大于 30 mm,扶手的相对挠度不应大于 $L/250$,卸载 1 min 后扶手的残余挠度不应大于 $L/1\,000$,且不出现松弛或脱落现象。

抗垂直荷载性能,垂直荷载 1 500 N 的作用下,扶手的最大挠度不应大于 $L/250$,最大残余挠度不应大于 $L/1\,000$,且不出现松弛或脱落现象。

抗软重物体撞击性能,以 45 kg 撞击物,撞击能量 E 为 300 N·m,依次对扶手、栏板实施撞击,每次撞击后测量的扶手水平相对位移均不应大于 $h/25$,连接部位不出现松弛或脱落现象。

抗硬重物撞击性能,用实心钢球重量为($1\,040 \pm 10$) g,降落高度为 1.2 m,摆臂撞击护栏玻璃栏板或金属板栏板,栏板应无碎片脱落或各连接部位应无松弛或脱落现象。

抗风压性能,在风压指标值的作用下,扶手水平相对位移不应大于 30 mm;风压作用后,不允许出现松弛或脱落现象。

12 外墙保温工程

12.0.1 当前,多数建筑外墙保温系统的使用寿命低于主体结构的设计使用年限,而业主对此并不知情,房屋在使用期间保温系统一旦出现问题,设计技术文件可为业主提供法律依据,有助于房屋产权单位制定墙体保温系统使用期间维护措施及保温体系达到设计使用年限时制订更换预案。

12.0.6 对于空调板、女儿墙内侧墙体的保温,设计中往往被忽视,保温层仅仅做到女儿墙压顶。如果不对女儿墙内侧进行保温处理,该部位极易形成热桥通路,导致顶层房间的顶板根部受到外界温度变化产生返霜结露现象。对女儿墙内侧的保温处理有利于解决这一危害,避免女儿墙墙体裂缝的产生。

　　勒脚高于散水坡时,需要考虑在保温层背面做防水处理,防水层宜高于基层面 30 cm,以防止水从地下沿着外墙找平层渗透到保温层内部;勒脚深入到散水坡以下时,除在保温层上做防水处理外,宜将深入到地下部分和高于散水 30 cm 部位的保温板改为挤塑板,以保证保温层极低的吸水率与良好的抗腐蚀性而稳定持久。同时,应预留建筑物沉降间距。

13 给水排水及供暖工程

13.0.1 管道安装应符合下列要求：

1 由于塑料制品难以从外观上判定其温度特性的差异，本条主要强调在安装前要核对管材的质保资料，确认管材的温度特性和管道系统对介质温度的要求，防止管材用错或混用。

2 管预安装前，应仔细核查图纸，了解管道的走向和穿越区域，对于穿越墙体、楼板的套管应设置不同形式的套管；对于穿越地下室、水池等有防水要求的建筑物、构筑物时，应设置刚性或柔性防水套管。防水套管和人防套管的制作安装应参照《防水套管》02S404 和《防空地下室给排水设施安装》07FS02。

3 在套管预埋预留过程中核对好图纸，统计数量，找准现场结构标高的标识点和轴线，每次预埋完毕后进行检查，核对数量、平面位置和标高。在二次结构过程中及时配合土建单位做好预埋预留工作；过楼板的套管顶部高出楼板完成面不少于 20 mm，卫生间、厨房等容易积水的场所必须高出建筑楼板完成面 50 mm；在吊洞时及时配合调整到位，套管底部与顶棚抹灰面平齐，吊洞时混凝土要捣密实，过墙壁的套管两端与饰面平齐，定牢固；套管在制作加工时，根据穿越的建筑物、构筑物厚度计算套管长度，根据管道规格选择合适的套管规格，套管在切割加工时应保持两端管口平齐，环缝均匀；套管的密封根据不同介质，填料充实，封堵严密。卫生间或潮湿场所的管洞填堵具体的做法宜为：现浇混凝土板预留孔洞口呈上大下小型，填充前应清洗干净，套管周边间隙应均匀一致并进行毛化和刷胶处理；填充应分两次浇筑，首先把掺入防渗剂的细石混凝土填入 2/3 处,管洞待混凝土凝固达到 7 d 强度后进行 4 h 的蓄水试验,无渗漏后,用抗渗水泥砂浆或防水油膏填满至洞口。管道全部安装完成后,对管洞填堵部位进行 24 h 的蓄水试验检查。

4 本条是为了防止在建筑物不均匀沉降和伸缩时对穿过结构伸缩缝、抗震缝及沉降缝的管道产生破坏,导致管道系统渗漏而提出的要求。

5 当管道沿墙体或地面敷设时,在找平层内其外径不宜超过 25 mm,且中间不得有机械式连接管件。必要时,可根据土建施工的要求铺贴钢丝网,以防止墙体或地面开裂。如果成排管沿同一方向敷设,管径应视为成排管道所有管道直径的总和。在工程竣工后,因装修造成本户内管道或其他户(室)管道破损而引起的投诉不断,因此,要规定工程承包商在工程竣工验收前,必须把住宅内所有管线标识清楚,在工程质量保修书中予以注明,并以此作为向业主交接的依据。

13.0.2 排水管道应符合下列要求:

1 本条针给排水管道坡度不均匀,甚至局部有倒坡现象做出的预防质量通病的规范,特别对排水管道按照施工工序安装时应保证排水坡度,安装完毕后应将排水管口及时封口。

2 施工人员虽然对塑料排水系统伸缩节设置的位置、型式和数量有所掌握,但对两个固定支架之间的伸缩节伸缩量的控制及伸缩节与支架的选型配合时常出现问题,当设计图纸对伸缩节伸缩量没有确定时,应参照表 13.0.2 的规定,否则应调整伸缩节和固定支架的设置,横管伸缩节宜采用锁紧式橡胶圈管件;而伸缩节预留间隙往往在施工时被忽视,导致伸缩节没有预留间隙而失去伸缩功能。因此,本条要求控制管道伸缩节预留间隙,在管道外壁做出伸缩节预留间隙的明显标记。

表 13.0.2　伸缩节最大允许伸缩量　　（单位:mm）

管径	50	75	90	110	125	150
最大允许伸缩量	12	15	20	20	20	25

3　在本层内疏通,而不影响下层住户。

4　其中针对:底部宜设支墩或采取固定措施。特别是在高层建筑中,在 UPVC 排水立管的底部没有采取必要的固定措施,出现漏水情况。

5　本条是对高层建筑中立管、横管应采取防止火灾贯穿的措施的补充说明。防火套管、阻火圈等应有消防主管部门签发的合格证明文件。

6　住宅工程交付后,住户可能会将排水管道隐蔽,所以各楼层中的排水管道也应做灌水试验。

13.0.3　卫生器具安装应符合下列要求:

1　选用节水型大便器、卫生器具以及相关配件必须匹配成套供应。在轻质隔墙上安装卫生器具,必须预先设置加固件或采取加固措施,以保证器具安装牢固、稳定。

2　溢水不通畅是近年来逐步出现的一个质量通病,所以本条加以强调。

13.0.4　排水系统水封应符合下列要求:

1　要求设计图纸对每一个受水口提出水封措施。

2　目前市场上供应的绝大部分地漏水封高度不能达到 50 mm,在地漏水封高度不能达到设计要求时,必须采取措施或选用其他形式的管道水封管件。钟罩式地漏具有水力条件差、易淤积堵塞等弊端,为清通淤积泥沙垃圾,钟罩(扣碗)移位,水封干涸,下水道有害气体窜入室内、污染环境,损害健康,此类现象普遍,应予禁用。

3 排水栓和地漏安装及地面坡度不够造成地面积水,本条是对地漏施工中出现的安装标高偏高或偏低进行补充:地漏上表面与楼板结构面应齐平或高出 1 cm,防止漏水,同时地漏算子应该低于装修地面 5～10 mm。地漏的水封不能小于 5 cm,以起到防臭的目的。地漏位置应合理,防止出现人们进门踩踏两脚水的现象。

13.0.5 消火栓系统及自动喷水灭火系统应符合下列要求:

1 施工过程中,经常发现暗装消火栓位置与结构有冲突,无法预留孔洞;明装消火栓箱影响通道正常运行,交付后损坏严重,因此强调在施工前各专业应校核消火栓箱的安装位置。

消火栓应满足在火灾情况下的使用要求。根据开门见栓原理,由消火栓栓口安装位置来确定门开启方向,即消火栓栓口在门左侧,此时应订向右开门消火栓箱,反之则应订向左开门消火栓箱。

厂家提供的消火栓箱已按规范尺寸要求预留好了孔洞,故消火栓箱进场安装以后,严禁随意地在箱体上进行开孔安装消火栓支管和消火栓。为方便救火人员操作,应确保安装的消火栓栓口中心距成形地面高度为 1.1 m,此时施工应根据总包提供的基准标高线进行下料并安装消火栓。

3 直径等于或大于 50 mm 的自动喷水灭火管道,现通常采用沟槽式连接,对管道的支架、吊架、防晃支架安装有关要求的规定,主要目的是确保管网的强度,使其在受外界机械冲撞和自身水力冲击时也不至于损伤。

4 住宅工程常用喷头包括下垂型、直立型及侧墙型,不同的使用场地应选用不同型号、规格的喷头。住宅地下停车,喷头靠近梁、通风管道、排管、桥架等较普遍的问题,应尽量减小这些障碍物对其喷水灭火效果的影响。

13.0.6 室内供暖系统应符合下列要求:

2 高层住宅工程室内供暖管道的补偿器是为妥善补偿供暖系统中的管道伸缩,避免因此而导致的管道破坏,本条规定补偿器及固定支架等应按设计要求正确施工。

4 本条规定的目的在于消除隐患。

13.0.8 管道保温应符合下列要求:

1 进场材料必须进行抽检,检验的方法可以采用外观检查和点燃试验的方法进行抽检,有异常可理解为外观检查有瑕疵,即可见证取样委托有资质的检测单位进行复试。

2 绝热材料材质首先要符合环保的要求;其次,粘接牢固。管道可采用定型管壳,而阀门应尽量采用专用阀门管壳。

14 电气工程

14.0.1 电线保护管的敷设应符合下列要求:

2 防止电导管在墙体敷设时引起墙面、楼地面裂缝而采取的措施;采用机械切割剔槽有利于保持墙体结构;如果预埋管成排布置,管道直径指所有成排管道直径的累加。

3 住宅工程的电气配线采取暗敷设较多,尤其是在现浇混凝土内敷设的开关盒、插座盒等如果在预留阶段位置不准确、不端正,将直接影响使用舒适度和装饰美观度。

4 金属软管电气设备连接长度为规范要求,照明器具要求为不大于 0.8 m,高于规范要求的不大于 1.2 m,随着灯具成套发展,实际工程中完全可以实现,工程明露软管影响住宅工程,一般层高在 4 m 以内,局部高空间推荐采用吸顶式或吊管式灯具。

5 为保证安全,对可挠柔性电导管除规定有可靠的证明文件外,还规定不得作为接地(接零)的接续导体。

14.0.2 配线施工应符合下列要求:

1 本条是相关规范内容的进一步强调。

14.0.3 灯具安装及接线应符合下列要求:

1 目的是确保灯具固定牢固、可靠。

2 《灯具一般安全要求与试验》GB 7000.1—2007,灯具分类标准的规定。

3 目的是防止触电。

14.0.4 开关、插座安装及接线应符合下列要求:

1 安装高度在 1.8 m 及以下的插座采用安全型插座,是为了避免儿童玩弄插座发生触电危险。为方便居住者安全用电。

2 各插座间不得串接是国家规范严格要求的,但是考虑到施工实际操作的难度,经过广泛的了解,本条提出的做法是施工可行、安全可靠,又能与国家规范相一致的。

14.0.5 配电箱安装及箱内配线应符合下列要求:

3 为了规范配电箱(柜、盘)内中性(N)和保护(PE)线汇流排的设置及各路线经汇流排配出的做法。

4 规范对配电箱安装的基本要求。

5 箱体接地的要求。

6 规范对配电箱线路的余量有要求但无规定尺寸,考虑到住宅电气箱比较紧凑,但箱体内空间还是有余量的,推荐100 mm是可行的。

14.0.6 电缆桥架、母线槽安装应符合下列要求:

1 规范要求。

2 竖井母线施工前的产品定货很重要,因不同品牌的产品尺寸有差异,实际操作中要以供应商提供技术支持为主。

14.0.7 防雷及接地应符合下列要求:

1 在工程检查中,常发现接地网施工时,坐标和数量均会发生变化,焊接不注意焊条的选用匹配和相容性,焊接外观质量不符合要求等质量通病,这里提出加以明确。

6 相关规范和《建筑物电气装置 第5-54部分:电气设备的选择和安装 接地装置、保护导体和保护联结导体》GB 16895.3的规定。

14.0.8 《建筑设计防火规范》GB 50016规定,管道井、电缆井等竖向管井都是烟火竖向蔓延的通道,必须封堵。

15 通风工程

15.0.2 通风及防排烟工程应符合下列要求：

2 薄钢板法兰风管不适用于消防排烟风管,故兼作排烟系统的金属风管应采用角钢法兰连接。

5 柔性短管安装的一般要求,柔性短管应选用防腐、防潮、不透气、不易霉变的柔性材料。用于空调系统的应采取防止结露的措施。